化学真奇妙 ③
——材料工厂梦之旅

主编 ◎ 黄 梅　林长春　何晓燕

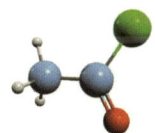

西南大学出版社
国家一级出版社　全国百佳图书出版单位

图书在版编目（CIP）数据

化学真奇妙. 3，材料工厂梦之旅 / 黄梅，林长春，何晓燕主编. -- 重庆：西南大学出版社，2025.4.
ISBN 978-7-5697-2837-8

Ⅰ.06-49

中国国家版本馆CIP数据核字第2025VW3447号

化学真奇妙3——材料工厂梦之旅
HUAXUE ZHEN QIMIAO3——CAILIAO GONGCHANG MENG ZHI LÜ

黄　梅　林长春　何晓燕　主编

选题策划 | 李　勇
责任编辑 | 刘欣鑫
责任校对 | 李　勇
装帧设计 | 闻江文化
排　　版 | 闻江文化
出版发行 | 西南大学出版社（原西南师范大学出版社）
　　　　　地址：重庆市北碚区天生路2号
　　　　　邮编：400715　　电话：023-68868624
印　　刷 | 重庆长虹印务有限公司
成品尺寸 | 185 mm×260 mm
印　　张 | 5.75
字　　数 | 101千字
版　　次 | 2025年4月第1版
印　　次 | 2025年4月第1次印刷
书　　号 | ISBN 978-7-5697-2837-8
定　　价 | 38.00元

《化学真奇妙 3——材料工厂梦之旅》

主　编　黄　梅　林长春　何晓燕
副主编　郑　怡　高　澜　朱玉军　张佳彬　李秀明
编　委　郑佳丽　郭应敏　谭　璇　刘　琴　蹇凌云
　　　　黄诗婷　盘　婷　赵　敏　徐志宏　陈名瑞
　　　　费小蓉　谭传玉　刘洛甫

序言
PREFACE

在科技的浩瀚星海中，化学是一门既神秘又充满魅力的学科。它关乎物质的本质，揭示自然界的奥秘，同时也是推动现代科技发展的不竭动力。对于充满好奇心的孩子们来说，化学的世界既神奇又令人向往。如何以生动有趣的方式引领他们踏入化学的殿堂，感受化学的魅力，是每一个教育工作者和科普作家都在思考的问题。

"小化学家探索科技城"这套书，正是为了解答这一问题而诞生的。它用孩子们喜闻乐见的方式，将生物化学、能量化学和材料化学这三大化学领域的知识融入一个充满奇幻色彩的科技城故事中。

《化学真奇妙1——生物探秘魔法屋》通过探索生物体内微小却至关重要的分子，揭示出生命的奥秘。它带领小读者们走进一个充满神秘与奇迹的魔法世界。从"小小生命的大奉献"中，我们将了解到氨基酸和蛋白质如何构建生命的基石；"爱'装扮'的酶"，揭示了酶如何巧妙地催化生物反应，让生命活动得以顺利进行；而"邂逅神奇的基因工程"则展现了人类如何通过改造基因来创造生命；此外，"延长生命长度的细胞工程"探讨了细胞培养与克隆技术的潜力与伦理；通过"解密&拆分手性药物"，我们将认识药物设计与合成中的科学与艺术；最后，"助农小帮手：农药与肥料"则介绍了农业生产中不可或缺的化学助手。该书让小读者们领略到生物化学的神奇魅力，对生命科学产生探索的欲望。

《化学真奇妙2——能源超人大变身》以生动有趣的方式，引领读者走进能量化学的奇妙世界。从"改变生活的太阳能"中，我们了解到太阳能如何转化为电能、热能，为人类生活带来便利；"取之不竭的生物质能"，揭示了生物质能的可再生性与环保性；而"一尘不染的氢能"则介绍了氢能作为清洁能源的巨大潜力；此外，"神秘的核能"让我们认识到核能的强大能量与安全利用的重要性；最后，"变废为宝的魔法电池"展示了如何通过电池技术实现资源的循环利用。该书拓宽了小读者们对能源领域的认知，激发了他们对未来能源技术的无限想象与期待。

《化学真奇妙3——材料工厂梦之旅》带领读者走进一个充满奇迹的材料世界。从"浴火重生的陶瓷"中，我们了解到陶瓷材料的耐高温、耐腐蚀特性及其在工业中的应用；"身怀绝技的金属"，揭示了金属材料的多功能性及其在现代科技中的重要地位；"回归自然的塑料"则介绍了环保型塑料材料的发展与应用；此外，"捕捉重金属的材料"让我们认识到材料科学在环保领域的重要作用；通过"过目不忘的'天才'高分子"，我们领略到高分子材料在日常生活和工业生产中的广泛应用；最后，"引领新世纪革命的纳米材料"展示了纳米材料在未来的无限可能。该书让小读者们感受到材料化学的神奇魅力，激发他们对材料创新与技术发展的浓厚兴趣与热情。

这套书的特色在于它将化学知识融入生动的故事情节中，让小读者们在轻松愉快的氛围中学习到化学知识。同时，书中还配有丰富的插图，帮助小读者们更好地理解和掌握化学知识。无论是对化学感兴趣，还是对科学探索充满好奇的读者，这套书都将是他们不可多得的良师益友。

此外，这套书也适合广大家长和教育工作者作为科普教育的辅助材料。它能够帮助孩子们建立起对化学的正确认识，为他们未来的科学学习和职业发展打下坚实的基础。

愿每一个小化学家都能在"小化学家探索科技城"这套书的陪伴下，开启一场充满惊喜与发现的化学之旅，探索化学的奥秘，感受科技的魅力。

中国科学院院士 周忠和

　　本套书以"探索、发现、创新"为核心理念，为孩子们打造"探险地图"，通过生动有趣的故事情节和贴近生活的科学案例寓教于乐，引导他们在阅读中思考，在思考中成长，培养他们的科学思维和创新能力。在这里，微小的分子蕴藏着巨大的能量，神奇的材料塑造着人类的生活，而生命的奥秘则等待着孩子们去揭开。这些丰富的内容不仅能拓展孩子们的视野，还能激发他们对科学的兴趣和热爱，为他们未来的学习和成长奠定坚实的基础。

　　在这套书中，编者采用图文并茂的方式来解释复杂的知识原理，将枯燥难懂的科学知识变得生动有趣，重视知识本质、原理探索的同时让孩子们在轻松愉快的氛围中掌握知识。书中每节内容都设有"动手试试吧"栏目，让孩子们能够在家中亲自动手进行科学实验。编者还将网络科技资源和现代技术相结合，为孩子们提供丰富的学习资源和互动体验。通过"科学故事会"、"科学小百科"和"科学大揭秘"栏目，培养他们的科学思维，让他们学会用科学的方式思考问题、解决问题。

  感谢全体编委的辛勤付出与无私奉献，感谢伊犁师范大学提供的有力支持，以及高源、石庄、张雨婷、曹馨予、黄艳萍、谭慧君、廖芮琦、李其霞、彭懋楠、周玉浓、杨迪、胡春婷、周筱雯、王颂、李玉、陈泽慧、钟得洪、王静、马镜、李炳儒、昌晏飞等同学在书稿编写及校订工作中做出的贡献。由于编者水平有限，本书内容难免有不妥之处，诚挚地欢迎广大读者提出宝贵的意见和建议，以便对本书进行完善，为更多读者带来探索科学知识的乐趣。

编者
2024 年 6 月于西南大学

目录
Contents

1. 浴火重生的陶瓷 — 001
2. 身怀绝技的金属 — 015
3. 回归自然的塑料 — 029
4. 捕捉重金属的材料 — 043
5. 过目不忘的"天才"高分子 — 059
6. 引领新世纪革命的纳米材料 — 071

1 浴火重生的陶瓷

背景 BACKGROUND

中国中央电视台曾推出了一个很有意思的节目:《国家宝藏》,节目中展示的故宫博物院的清乾隆年间"各种釉彩大瓶"吸引了大家的注意。釉彩大瓶的诞生标志着中国古代制瓷工艺达到了顶峰。你是美丽陶瓷的爱好者吗?是否愿意对它的前世今生一探究竟呢?

哇！我们要开启材料工厂梦之旅了！这里有好多漂亮的陶瓷制品！这让我想到了我最喜欢看的节目：《国家宝藏》。小博士，你看过吗？

当然啦！在节目中出现的"各种釉彩大瓶"还享有"中华瓷王"的美称。

"中华瓷王"？怎么不是"中华陶王"呢？陶瓷，陶瓷，不就是一种东西吗？

当然不是！陶器是用陶土或者黏土烧制的器具，而瓷是在陶的制作基础上，更加严格地控制工艺条件和原料，用更高的温度烧制而得的。

原来它们还有这样的区别啊！我知道黏土烧制后就像石头一样坚硬，所以可以用来制成器具等生活用品，但是我发现，陶瓷很少用作生产工具和武器。为什么呢？

黏土烧制的陶器硬度大，但却很脆，所以不适合作为生产工具和武器。现在可不一样了！人们"施展魔法"，提高了它的性能，将传统陶瓷变为"精细陶瓷"。

施展了什么魔法呢？"精细陶瓷"又是什么？它跟传统的陶瓷有什么不一样呢？

哈哈，好奇了吧！让我们一起去探寻这些秘密吧！

精美的陶瓷器具

扫一扫观看更多科普内容哦！

一 陶瓷中的神奇魔法

 随着科学的发展，每种材料就像一片独一无二的树叶，有着自己的特点，因此它们也有不同的作用。当然，要让陶瓷充分发挥作用，还需要我们的"神奇魔法"大展身手。

1 神奇魔法第一步：精选原料

陶瓷的传统原材料大部分是黏土，其中黏土的主要成分是铝硅酸盐，它可以被捏成任意形状。石英砂也称为二氧化硅，它使陶瓷像孙悟空一样不怕烈火的焚烧，也不易变形。这些原料虽然各有作用，但由于它们的成分、结构等的不同，并不能帮助陶瓷在各领域都大展身手。因此，我们对陶瓷施以魔法的第一步便是精选原料。

精选出的原料包含氧化锆、氧化铝等一系列自然物质，还有氮化物、碳化物和硼化物等自然界中不存在的物质；同时，原料的形态不只是固态，还可为气态和液态。

用彩色黏土捏制的小猴子

那这意味陶瓷业的第一步就被精细原料牢牢控制！

 一种材料的制作，除了原料的选择很重要外，它的制造工艺——"做造型"和"烧制"也非常重要，所以，我们需要用科学严谨、易于控制的工艺方案做指导。

2 神奇魔法第二步：科学严谨的工艺方案

传统陶瓷的制作大多是由工程师的经验决定的，因此烧制出来的陶瓷的性能不稳定，而被施以"神奇魔法"的精细陶瓷可不一样，通过采用静压成型等烧制新方法，我们可以严格控制它的尺寸和形状。

传统陶瓷的"华丽变身"

接下来，让我们一起了解一下这些具有"神奇魔法"的陶瓷烧制新方法吧！在这里，我们主要介绍静压成型、气相沉积、高温热压和微波烧结四种方法。

科学小百科

陶瓷烧制新方法

静压成型：

它是一种让陶瓷变得致密的方法。这种方法可以均匀传递压力，给样品加压，最后让样品成型，就像我们先用力将易拉罐压瘪，再将所有压瘪的易拉罐组合在一起一样。

被压扁的易拉罐

气相沉积：

它是利用一种或几种特殊的气体物质，在材料表面上进行化学反应生成薄膜的化工技术。这种方法就像在盒子上覆盖一层保鲜膜一样。

高温热压：

它是在高温、高压条件下使样品成型的方法。

微波烧结：

该方法可以大体理解为把材料放到微波炉中加热，材料升温至烧结温度，在此高温下材料逐渐成型。

真有趣！那这些陶瓷都可以应用在哪些地方呢？

这得看它们都有哪些性能！比如有的陶瓷耐热，不怕高温；有的"皮糙肉厚"，耐疲劳；有的不怕电；有的能发光、吸光，可有意思了！

微生物供给能力

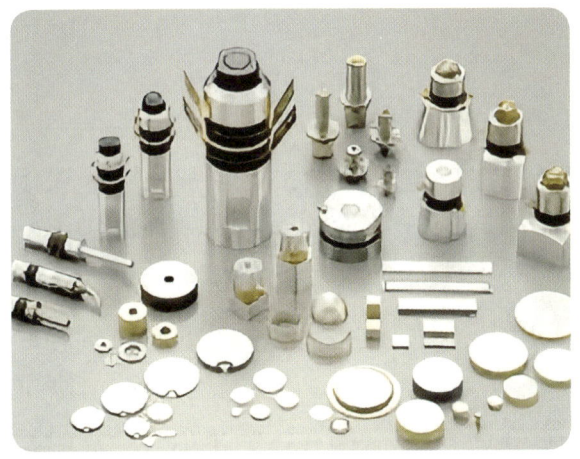

压电陶瓷，可用于
电子发射元件

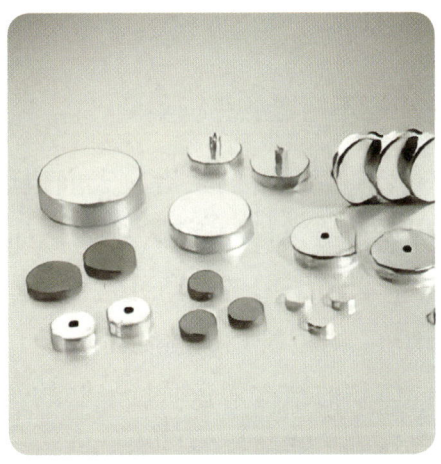

磁性陶瓷，可用于磁制
冷材料、电源开关

热释电陶瓷，可用
于热成像设备

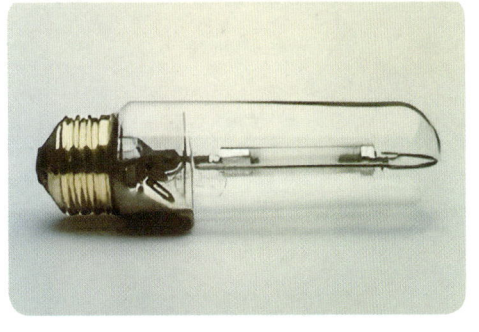

电光陶瓷，可用于光电
传感器、光开关等

拥有"特异功能"的各种陶瓷

 接下来，让我们一起了解一下陶瓷中的优秀代表"精细陶瓷"吧！

二 精细陶瓷知多少？

精细陶瓷的性能优异，它通过严格的原料挑选，经过科学、严谨的工艺制作而成。我们按陶瓷应用的不同性能可以将它分为结构陶瓷、功能陶瓷两种。

1 你不知道的结构陶瓷

随着经济的发展，人们也越来越关注环境问题，我们也常常听到关于汽车节能减排的话题，那我们如何使用科学技术来实现汽车的节能减排呢？

其实，结构陶瓷可起了大作用！如以结构陶瓷为原料制造的各种汽车发动机，可以把燃烧温度提升到1000 ℃以上，而且结构陶瓷的质量也特别轻，同体积的结构陶瓷质量是铁的一半。因此，提升汽车动力，减轻质量，就可以达到节能减排的目标。再举个例子，比如氮化硅陶瓷，如果你有"火眼金睛"，你就会看到它内部有着非常稳固的空间结构，而且原子之间作用力很强，所以它不仅有良好的导热性能，抗热震性也非常优秀呢。也就是说当外界温度急剧变化时，它也能够像超级英雄一样抵抗得住，不被伤害！

这样看来，结构陶瓷可真是太厉害了！

不怕温度变化的"超级英雄"——结构陶瓷

 你肯定想不到，其实在医药行业，陶瓷材料也占据着重要的地位！接下来我们一起了解功能陶瓷吧！

2 你不知道的功能陶瓷

当人体某一组织或器官丧失功能需要再修复时，医生常用三种方法来治疗：第一，取患者自己的同种组织或器官来代替；第二，器官移植；第三，用人工合成的生物医学材料来修复或代替人体坏死的组织或器官。像这样用于修复或代替人体坏死的组织与器官的人工合成材料，被称为生物医学材料。例如有些生物医学材料可以用于外科矫形手术中的承重假体、假牙及牙槽增强物。

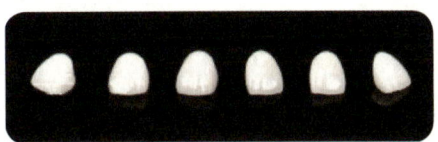

陶瓷假牙和牙冠

陶瓷有这么多的作用，但前面提到它也有致命的弱点：脆性大。当面对超过限度的外力时，它容易形成裂纹，会破坏内部的结构。那未来的陶瓷会是什么样子呢？

三 陶瓷材料的未来

如何打造先进陶瓷？我国重点研究了如何强化和增加韧性，希望通过改进陶瓷的制造工艺来优化它的抗压能力，增加它的应用领域。目前，先进陶瓷的发展主要有纳米陶瓷、复合陶瓷两个方向。

1 大名鼎鼎的纳米陶瓷

纳米陶瓷可以通过把一些纳米级的颗粒、粉体等引入陶瓷母体得到。这种特殊制造工艺赋予了陶瓷更优越的性能，让它可以在更多领域应用。将材料加工到纳米级别，陶瓷的硬度、强度等性能都显著提升。这使得纳米陶瓷特别适合用于制造刀具。

纳米陶瓷无论是在高温还是低温下，都能表现出优越的性能。相信纳米陶瓷的优势将会被越来越多地发现！

纳米陶瓷刀具

2 神秘的复合陶瓷

复合陶瓷即陶瓷基复合材料，是陶瓷发展的第二大方向。复合材料是由两种及两种以上具有特殊性能的材料，按照一定比例组合而成的新材料，就像市面上售卖的双色棒棒糖，一个棒棒糖中包含两种味道。

美味的双色棒棒糖

复合陶瓷是一种特殊的材料，它主要由两个"小朋友"组成，一个叫"增强体"，另一个叫"基体"。"增强体"这个小朋友很强壮，它的强度和硬度都非常高。虽然它长得像一张张薄薄的纸片或者像一根根细细的线一样，但是它可以帮助材料更好地抵挡外面的力量，就像是一个小英雄一样，保护着材料。"基体"是另一个小朋友，它是一种非常好的"贯连材料"，能像胶水一样可以把所有的东西都黏在一起。有了基体，复合陶瓷才会有更好的韧度和软度，就好像一个柔软的枕头一样，可以更好地适应各种形状和变化。

那怎么区分基体和增强体呢？

基体
我可以让复合陶瓷变得更柔软！

增强体
我可以让它变得更强壮！

基体和增强体的作用

科学故事会

自新石器时期开始，中国的长江流域和黄河流域便先后出现了风格多样的陶器文化，尤其以河南仰韶和甘肃马家窑地区的彩陶文化最为突出。

陶瓷在满足人类日常生活的实用要求中诞生。人们在陶瓷表面绘制各式各样的图案、花纹，反映了当时社会的经济文化发展、精神信仰崇拜。其后随着社会的发展、人类的进步，陶瓷逐渐将审美观念与制作技术相融合，发展成为独特的"造型"艺术，并演变为身兼物质与文化双重特征的独特艺术产品。

动手试试吧

手工陶艺制作

实验材料：陶土、水、陶瓷轮、陶瓷刀。

实验步骤：

★揉泥：在陶土中混入适量的水，并揉成柔软的泥团。

★拉坯：将泥团放在陶瓷轮上旋转，同时用手将泥团拉长，逐渐把泥团变为自己想要的形状。

★修整：用陶瓷刀修整拉好的陶瓷坯，使之更加光滑与平整，也可用刀刻出自己喜欢的花纹哦！还可以用颜料进行装饰呢！

★烘干和烧制：将陶瓷坯放在通风的地方，自然干燥。干燥后再放入窑中进行烧制，一般温度为800~1200 ℃。

手工陶艺制作不仅可以提升我们的动手能力和创造思维，还能让我们感受到我国优秀的传统文化的魅力呢！小朋友们可以去专门的儿童陶瓷手工工坊体验DIY（自己动手制作）陶瓷器具的乐趣，创造属于自己独一无二的作品哦！

你知道吗？经过世代工匠不断传承和发展，中国传统陶瓷还形成了一种独特的文化形态，陶瓷造型也深受传统审美观念的影响。

陶瓷作为一种艺术品，常常被展示于各大博物馆，它具有生机盎然的气韵、超脱自然的美，能感染人的情绪，能给人以美感享受。

我们可以发现陶瓷材料的发展是非常迅速的，特别是让我们惊艳的纳米陶瓷。我相信未来的陶瓷材料会发展得更好。

纳米陶瓷

2 身怀绝技的金属

背景 BACKGROUND

在庞大的金属材料家族中,每一种金属都在我们生活中扮演了重要的角色,每一种金属都身怀绝技,凭借着自己的本领造福人类。尤其是一些新型金属,如超塑合金、纳米金属、记忆合金等,它们在医学领域、航空航天领域等众多领域都有广阔的应用前景。

 哎呀！

怎么了？

 不小心把手割破了，有邦迪创可贴吗？

没有邦迪创可贴，但是有纳米银创可贴。

 纳米银创可贴？什么时候有这个品牌的创可贴了？我听过邦迪创可贴、云南白药创可贴，这个纳米银创可贴还真是闻所未闻、见所未见呀！

纳米银创可贴可厉害了，它的杀菌效果远超过了普通创可贴呢。可以让你的伤口快快好起来哦。

 是吗？那这个纳米银是妈妈银项链中的那种银吗？

身怀绝技的金属

是的，但是纳米银和我们平时看见的银可不一样，它在杀菌等方面有着特殊的功效。

我知道的银是一种金属，常被用来制作手镯、耳钉、项链，但是从来没有听说过它还有杀菌的作用。

这个银呀，赢就赢在它是"纳米银"。关于纳米银为什么有杀菌这项"绝技"，这里面的学问可就大了，我们一起走进材料工厂梦之旅的第二站——金属屋一探究竟吧！

017

扫一扫观看更多
科普内容哦！

一 纳米金属材料真有这么独特吗？

纳米金属材料是纳米晶粒的金属与合金形成的，具有晶界比例、表面原子比例大等特点。晶界比例大意味着它有很多晶粒之间的边界，就像一面面墙，表面原子比例大意味着它的表面有很多小原子，这些墙和小原子让这种金属材料与其他金属材料不同。

> 我迫不及待想知道纳米金属材料是什么啦！

二 纳米银

纳米是一个非常小的长度单位，将1米分成10亿份，每一份的长度单位就是1纳米。科学家们使用神奇的纳米技术将银纳米化，让它变小到用眼睛难以观察。我们将这种被特殊处理的银称作"纳米银"。虽然纳米银的粒径很小，但是它的比表面积非常大，从而更容易与其他物质接触。

1 纳米银的杀菌绝技

纳米银能杀死很多特殊的细菌，从而把身体里的坏细菌杀死，留下对我们有益的菌群。

大部分的坏细菌是单细胞微生物，需要蛋白酶来维持新陈代谢，就像我们需要吃饭来维持正常生活一样。但它们正常生存并繁殖后，会影响我们人体的正常细胞。在这些蛋白酶中有一种叫"氧代谢酶"

的物质。当银遇到这种氧代谢酶时，单质银会变成带正电的银离子（Ag^+），银离子就会与蛋白酶中带有负电荷的"硫醇基（—SH）"的物质发生特异性结合，其过程就像一支断裂的箭被重新组合成一支新的箭，从而刺穿细胞壁与细胞膜外表，让坏细菌的身体破一个洞，这样细菌就无法生存啦！

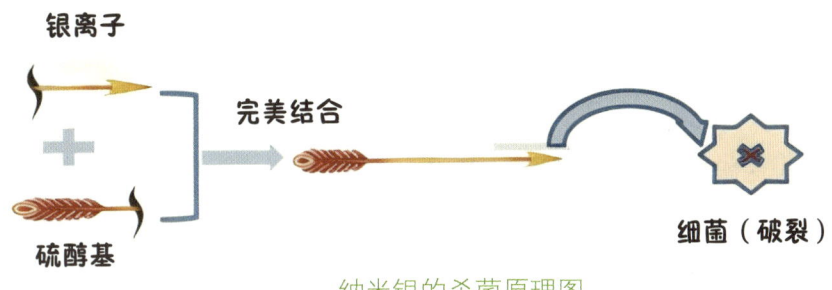

纳米银的杀菌原理图

纳米银比普通银更加厉害，因为它特别小，又能够大面积地与细菌接触，在同一时间能够制造出更多的"箭"，让坏细菌更快地死掉。

纳米银还像一个小医生，能够帮助我们修复身体受伤的地方，加速伤口愈合，而且对我们的身体没有副作用，可以安全使用。

科学研究表明，纳米银的抗菌能力可以达到普通银的数百倍，它能在几分钟内杀死650多种细菌，就像一个超级战士一样厉害！

科学故事会

银最初进入现代医学的应用

十九世纪末，德国医生克劳德（Crede）为防止结膜炎引起失明，将1%硝酸银溶液注入新生儿的眼睛，使婴儿失明的发生率从10%降低接近0。如今，Crede预防法仍在许多国家使用。

随后，纳格尔经过系统地研究，报道了金属特别是银对细菌和其他低等生物的致命作用，使银作为消毒剂成为一种可能。从此，银的使用进入了现代时代。

三 纳米银杀菌有什么特点呢?

1 广谱抗菌

纳米银和硫醇基（—SH）结合会形成"箭刺"穿细菌，使细菌窒息死亡。这种独特的作用机制可以杀死与它接触的大多数细菌、真菌、霉菌和其他微生物。纳米银不仅对一般的细菌起作用，还能够对大肠杆菌、金黄色葡萄球菌、白色念珠菌这种顽固的细菌起作用。一种抗生素一般可以杀死 6 种左右的病菌，但纳米银可以杀死数百种病菌，真是太厉害了！

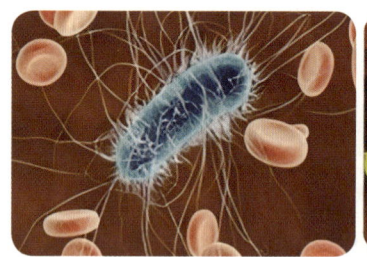
大肠杆菌

金黄色葡萄球菌

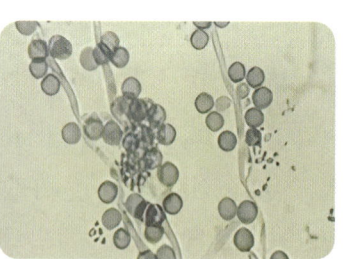
白色念珠菌

小百科

抗生素

抗生素，又称抗菌素。一类是指由微生物（包括细菌、真菌、放线菌属）或高等动植物在生活过程中所产生的具有抗病原体或其他活性的产物。另一类是人工制造的抗生素。科学家们使用化学技术来制造抗生素，有时候是从自然中提取出来的，有时候是完全由他们自己发明的。这些抗生素可以帮助我们对抗病菌，就像英雄对抗坏蛋一样。在我们的生活中，一般名称带有西林、头孢、霉素、沙星、硝唑的药物都是抗生素。

抗生素对抗细菌

2 抗菌持久

纳米银的最外面有一层保护膜，就像用保鲜膜将新鲜的水果包裹起来一样，但同时它又能不断地释放出银离子，让银离子的浓度处于一个稳定的状态，因此能够长时间地杀菌。

3 无耐药性

纳米银杀菌剂是没有耐药性的，它直接将细菌杀死，让细菌不能繁衍下一代，所以就没有耐药性，因此不会出现反复感染现象。

> 我懂了！就像我们生病了，一直吃某一种药物，如果这种药物有耐药性，那下次生病，我们再吃这种药也不能治好我们的病；但如果没有耐药性，我们再吃这种药也能快速恢复健康啦！

纳米银的多用途

纳米银优异的抗菌性能使其在医疗领域得到了广泛应用，不仅可用于制作医疗用品，还在疗法层面展示出了极大的优势——因其相比于传统的抗菌物质，解决了药物不耐受这一问题。

同时，纳米银因具有抗菌性能也被广泛应用于食品领域。例如添加到食品包装容器中，其可以有效地杀死细菌，延长食品的保质期，还可用于食品接触材料。

纳米银食品包装袋

小博士，除了纳米银，会有纳米金吗？

 有哦，接下来我们一起来看看纳米金是什么吧！

四 纳米金

纳米金的直径为 1~100 nm，是微小颗粒的金。

1 纳米金真的可以融入生物体吗？

我们都知道生物体内的蛋白质、核酸等一些重要物质的尺寸也在 1~100 nm 之间，科学家们就利用纳米金的直径与生物体内这些物质尺寸相近的特点，将它制作成探针，利用纳米金的生物相容性，进入生物体中检测这些重要物质的生理功能。

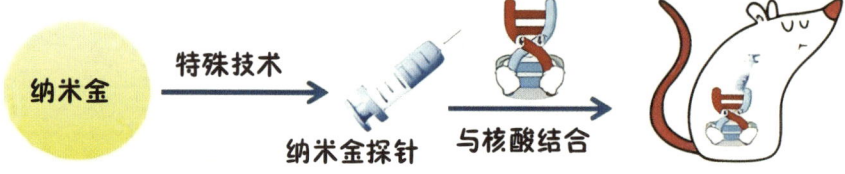

合适的工具让工作更高效

2 纳米金生物探针是怎么检测的呢？

纳米金粒子和生物体内大多数物质分子大小非常相似，也对身体没有伤害，因此金属屋里的科学家们将它应用到生物分析化学。其在生物分子标记和检测、纳米生物传感器等方面有了大量的应用，让医学又前进了一步。

例如，纳米金的快速免疫分析技术，这种技术操作起来十分简便。它是将纳米金粒子制成探针，然后与抗原、抗体进行特殊的反应，使检测信号放大，因此可以快速灵敏地检测到抗原。我们把抗原和抗体想象成两块拼图，分别称为"叮叮"和"咚咚"，让纳米金探针和"叮叮"先成为好朋友，在游玩的路上遇到了"咚咚"，在"叮叮"的介绍下，他们三个都成为好朋友，并且发出"叮咚"的声音，这时候，我们的电脑上就出现了一个超级强烈的信号！这样就能检测到抗原啦！

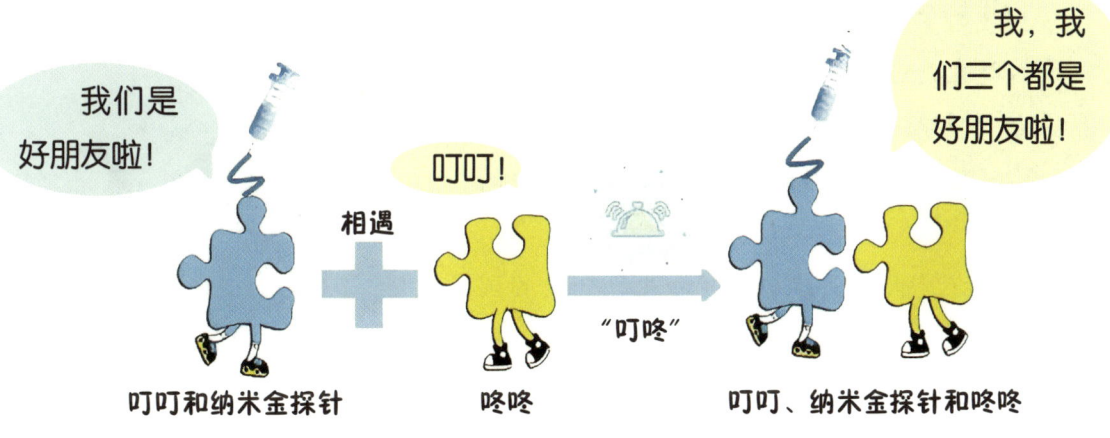

纳米金探针的快速免疫分析技术

3 金属合金的特点——多合一？

除了有纳米金属材料，还有其他特殊的金属材料吗？

约公元前4000年，人类进入"青铜时代"。渐渐地，人们发现了其他金属。而现在合金这种新型金属在医学领域和航空领域都有大量的应用。

"合金"是由两种或两种以上的"金属和金属"或"金属和非金属"通过特殊方法合成出的具有金属性质的物质，按组成元素的数量可分为二元合金、三元合金和多元合金，就像是把两种颜色或者多种颜色的橡皮泥揉在一起变成一块特殊颜色的橡皮泥一样哦！

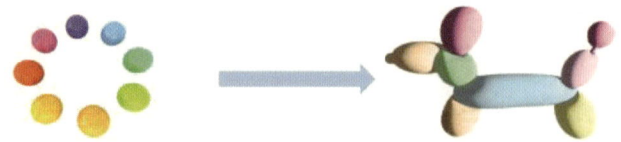

合金的合成示意图

合金的发展历程

人类生产合金是从制作青铜器开始的,世界上最早生产合金的是古巴比伦人,约 6000 年前古巴比伦人已开始提炼青铜(红铜与锡的合金)。

中国也是世界上最早研究和生产合金的国家之一,在商朝(距今 3000 多年前)的青铜(铜锡合金)工艺就已比较发达;春秋晚期已出现锻打(还进行过热处理)的锋利的剑。

三足青铜器香炉

五 纳米金属材料在医疗界大显神通

现在出现了一种可降解的新型医用金属材料。以前,人们生病时,需要将钛合金、不锈钢等传统的惰性医疗金属植入体内,但再次进行手术时需要将它取出来,这会对身体造成二次伤害。然而,可降解的新型医用金属材料就非常神奇!它可以在人体内被降解,逐渐消失,这样就可以不做二次手术了哦!

比如,镁合金就能够进行生物降解,降解后产生的物质会被人体吸收,其在临床应用中,可以升级金属植入材料及心血管支架等医疗设备。

降解

降解一般指有机化合物分子中的碳原子数目减少、分子量降低，从而使得原有物质被分解。例如常见的填埋式降解，就像是把一张纸埋在土里，过一段时间再打开，那张纸已经消失了，也就是被降解了。

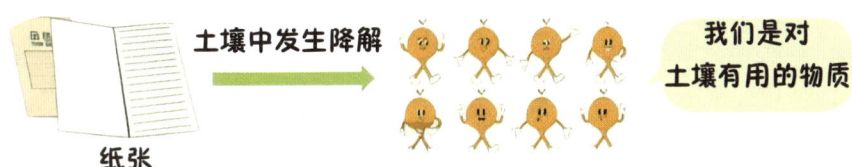

纸张降解过程图

六 看我七十二变——形状记忆合金

形状记忆合金是一种奇妙的物质，它的形状可以随温度发生变化。例如可以在较低温度下发生形变，但一旦将它放入较高温度环境，就可以恢复原来的形状。就像弹簧，用力按压它（如降低温度），它就发生了形变，但是放开它（如升高温度），它就能恢复原来的形状。

低温、高温中的形状记忆合金

形状记忆合金已经广泛应用于医学领域，比如各种腔支架、人工骨、心脏修复配件、手术缝合线等。不仅如此，其在航空航天领域也有大量应用。将形状记忆合金制作成抛物面天线，在卫星发射前，它可以折叠成卫星体，火箭发射后，卫星进入预定轨道，只需要加热，温度升高后折叠卫星天线就会凭借它的"记忆"展开，恢复原始形状。

查一查纳米金属有哪些应用呢？

纳米金属各个都身怀绝技，除了纳米银、纳米金、合金材料，还有哪些纳米金属呢？它们分别又有哪些用途呢？和我们的生活有关联吗？让我们一探究竟吧！

任务一：查找纳米铜在生活中的用途，并举例说明。

任务二：查找纳米铁在生活中的用途，并举例说明。

任务三：查找纳米镍在生活中的用途，并举例说明。

任务四：通过对比纳米金属和普通金属，说说它们有什么不同。

看看大家能完成几个任务呢？聪明的你一起来试试吧！

话中育"化"

　　能源、信息、材料是人类社会发展的重要资源。其中材料是人类生存和发展的基础，而金属材料是人类历史上研究时间最长、目前应用广泛的一种重要材料。金属材料在我们的生活中发挥着重要作用，扮演着不同的角色，凭借各自的本领造福人类。随着科技的不断进步，在科学家们的努力下，金属材料发挥着越来越大的作用，各种新型金属材料不断出现。尤其是纳米金属、记忆合金，相信它们在医疗领域、航空航天领域等众多领域都能发展得更好！

> 金属可以有这么多的应用，我相信在不久的将来，元素周期表中的几十种金属元素都将在不同领域大放光彩！

金属套筒螺丝

3 回归自然的塑料

背景 BACKGROUND

在我们日常生活中，塑料无处不在、随处可见。但塑料物品也带来了严重的环境问题。塑料物品在海洋、土壤中的积累导致的环境生态问题，已引起人们广泛的担忧。减少塑料污染已成为全球的头等难题。在这个背景下，一种备受瞩目的材料崭露头角——可降解塑料，它被誉为塑料领域的"绿色救星"，它的可生物降解性使塑料得以回归自然的怀抱。

剧中藏"化"

小米糕,逛了这么久,你应该也累了,我们一起去买奶茶喝吧!

好呀!

你有没有发现今天用的吸管和以前有点不一样呀?

对哦,以前都是塑料吸管,这个吸管看着好像是纸做的,我觉得用着不太习惯呢。

以前使用的塑料吸管不能自然降解,会对环境造成一些不可逆转的伤害,因此国家颁布了"限塑令",所以奶茶店换掉了塑料吸管,看来奶茶店也在为了保护环境而努力。

回归自然的塑料

要是塑料可以降解就好了，这样用塑料吸管喝奶茶也不会影响环境了。小博士，有没有可以降解的塑料呢？

科学家们一直在研究可以降解的塑料，可降解塑料可分为光降解塑料和可生物降解塑料，其中可生物降解塑料的应用与研究都更为广泛一些，接下来让我们一起来了解一下吧！

传统塑料　　　　　可降解塑料

扫一扫观看更多
科普内容哦！

一 可生物降解塑料的前世今生

植物的残枝败叶在雨水的湿润下，可变成肥沃的土壤；昆虫的蜕皮和排泄物，可成为土壤中的养分。科学家们从中得到启发，研制出可以回归大自然怀抱的可生物降解塑料。

那什么是可生物降解塑料呢？

可生物降解塑料之所以"可降解"，并非因为它们具有魔法般的自我崩解能力，而是指在特定条件下，微生物能够迅速将其分解成二氧化碳（或甲烷）、水及其所含元素的矿化无机盐等对大自然无害的物质。

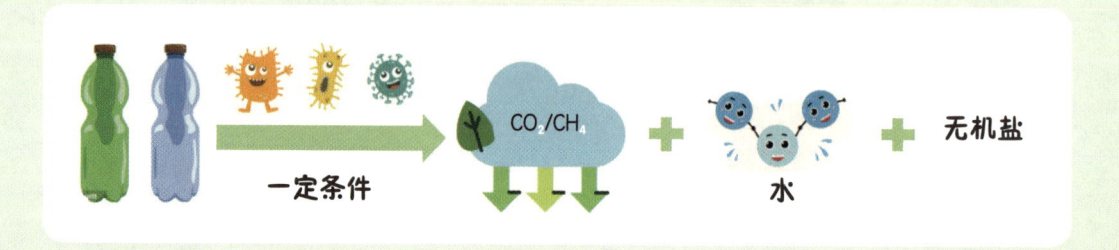

一定条件 → CO_2/CH_4 ＋ 水 ＋ 无机盐

科学小百科

传统塑料

传统塑料是以乙烯、氯乙烯等为原料，通过加聚或缩聚反应聚合而成的高分子化合物。在这个过程中乙烯、氯乙烯像一块一块的积木，聚合的过程就是将它们组合在一起，形成较为坚固的结构。塑料在生活中有着广泛的应用，如由乙烯制得的聚乙烯可用于制作水管等，由氯乙烯制得的聚氯乙烯可用于制作雨衣、垃圾袋等。也正是因其坚固的结构，传统塑料难以降解。

> 可生物降解塑料作为一种极具发展潜力的材料，40余年来一直受到全球科研工作者的关注，许多工作者倾尽毕生心血只为提升其性能。

二 淀粉填充型塑料

淀粉广泛存在于植物细胞中，小朋友们爱吃的玉米、土豆当中都富含淀粉，淀粉降解后以二氧化碳和水的形式回到大自然，不会对环境产生任何污染，是不是很特别呢？由于这个特别的性质，科学家们尝试将10%~30%的淀粉加入传统塑料中，来增加塑料的可降解性能，这就是淀粉可降解塑料发展的第一阶段。

玉米淀粉

传统塑料 ＋ 加 10%～30% 淀粉 ＝ 淀粉填充型塑料

传统塑料

> 我在土壤中可以被迅速降解为小碎片，但是实际上我的这些小碎片历经百年也难以完全降解，所以我并不是真正意义的可降解塑料哦！

三 可降解淀粉基塑料

可降解淀粉基塑料，就是淀粉与其他可降解材料合作形成的聚合物，其中淀粉含量为 30%～60%。虽然与淀粉合作的材料单独使用也具有降解的效果，但是价格成本却高出了不少，因此让聚乳酸这样的可降解材料单打独斗不太经济实用。而淀粉可以从玉米、小麦等植物中提取，资源广泛、价格较低，而且擅长与其他材料合作，因此十分有希望以淀粉为基础开发出可降解、可再生塑料哦！

可降解，但昂贵！

来源广泛 价格较低

其他可降解材料 ＋ 加 30%～60% 淀粉 ＝ 可降解淀粉材料基塑料

科学大揭秘

淀粉基塑料有何特别？

（1）淀粉基塑料生产过程无"三废"排放，不会对环境造成新的污染；

（2）淀粉基塑料具有与同类传统塑料制品相同和相近的使用性能；

（3）淀粉基塑料及制品不含有毒有害物质；

（4）淀粉基塑料及制品具有节约石油资源、减少二氧化碳排放的优势；

（5）淀粉基塑料及制品具有完全生物降解、可堆肥、实现垃圾无害化处理的优势。

四 全淀粉塑料

全淀粉塑料是可完全降解的塑料，它的原料中淀粉含量在90%以上，科学家们再加入少量的魔法试剂——增塑剂，通过改变淀粉的性质来制得塑料制品。这个类型的产品由于性能与成本问题，目前仍处于实验室研发阶段，但在未来很长一段时间内，它将与淀粉基可降解塑料一同成为科学研究的热点。

90%以上　　淀粉　　增塑剂

考虑到市场对可生物降解塑料的降解性能、价格成本、产业化程度等的要求，目前对可生物降解塑料的研究主要集中于可降解淀粉基塑料。那么这些塑料是如何降解的呢，我们一起来了解一下吧！

五 塑料降解的化学揭秘

由于塑料本身很难降解，因此它将会给环境造成巨大的影响。塑料就像是被紧紧粘在一起的长条积木，很难将它们拆成可以组合的积木块，但是把它们直接丢在垃圾场将会给环境造成危害，那该怎么把它们拆开呢？小小魔法精灵——微生物可以做到。

首先，微生物家族在塑料表面开展"泼水节"活动，使得塑料被浸润在水溶性的物质中，这时候的塑料就像是溶在水里的糖一样。

接着，它们在塑料表面释放一种叫作酶的魔法药水。这种酶就像是一个小小的剪刀，可以把塑料变成一小块一小块的碎片。一系列的变化就像塑料的变身秀一样，使塑料变成一些小小的分子碎片。

最后，这些小分子碎片通过微生物的细胞膜，进入微生物的家里。在微生物的引导下，它们会发生一些神奇的化学反应，变成二氧化碳、甲烷等小魔法气体被释放。

微观层面的水解过程

二氧化碳　甲烷　水

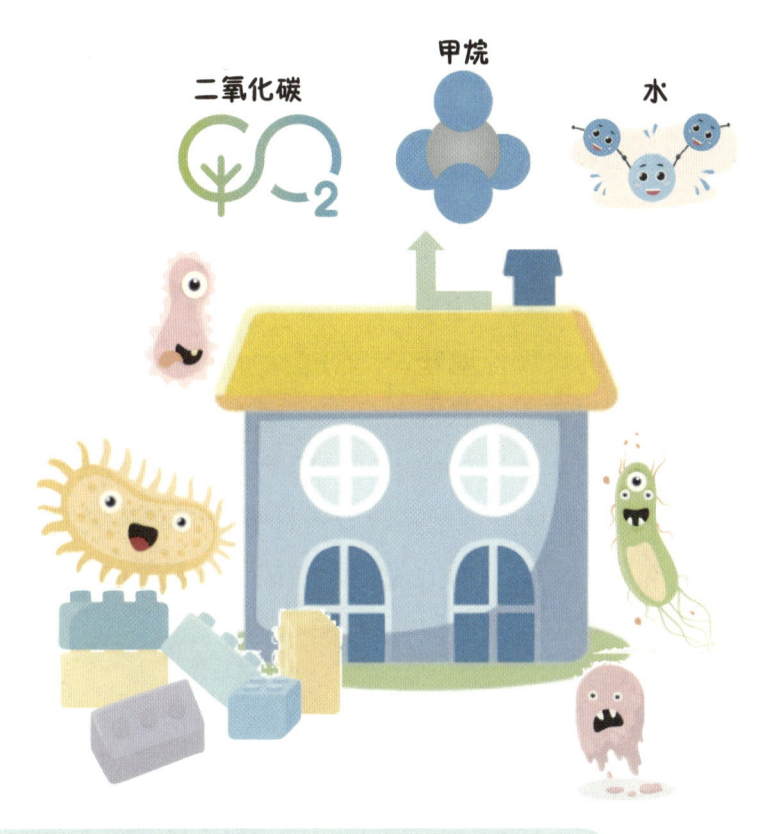

塑料的降解通过微生物的作用而发生，那是不是只需要将塑料和微生物置于空气下，一段时间后塑料就完成降解了呢？

不是这样的哦，科研工作者经过成百上千次实验，总结了以下两种最为常见的降解方法。

1 土壤掩埋法

土壤掩埋法就是将塑料填埋于土壤中，让它自行降解。这种方法的降解率主要取决于降解材料的类型、组成以及土壤的环境。一般来说，土壤温度和湿度较高、疏松透气性强且有机质含量高，十分有利于降解材料

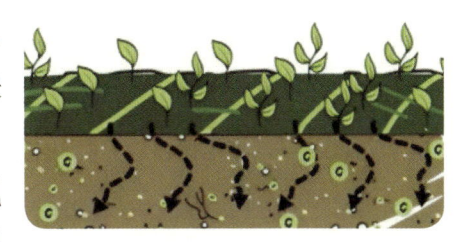

土壤掩埋法降解塑料

的降解。

经试验测定，常见的PCL（聚己内酯）、PLA（聚乳酸）、PBS（聚丁二酸丁二醇酯）等材料都可以通过此方法实现降解。

2 堆肥法

堆肥法是一种环保的垃圾处理方式，通过人为控制垃圾堆中的环境条件，让自然界中的微生物精灵以最佳状态、最大程度地发挥作用，将可降解塑料转化为可以被利用的肥料。不同的微生物对堆肥环境中氧气、温度等的要求不同，因此人们按照需氧程度将堆肥系统分为好氧堆肥和厌氧堆肥两种系统。好氧堆肥需要氧气充足的环境，而厌氧堆肥则在没有氧气的环境中进行，这样就可以满足不同微生物的需求啦！

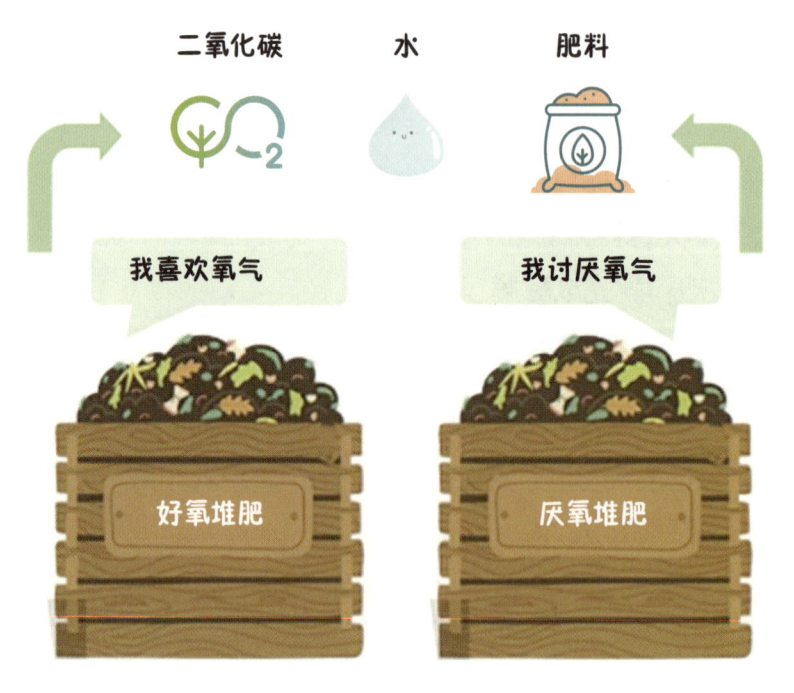

好氧堆肥与厌氧堆肥

根据堆肥过程中温度的变化，将堆肥过程可划分为中温、高温和降温共3个阶段，不同阶段由不同种类的微生物发挥作用，最终塑料降解转化生成CO_2、水和肥料。

六 可降解塑料与生活

> 随着可降解塑料研发技术的逐渐成熟,可降解塑料已经进入产业化阶段,它在农业、医疗以及食品包装行业被广泛应用,与我们的生活越来越息息相关。

1 农业领域

在农业领域,可降解塑料主要用于制备农业地膜。农用地膜就像是一床棉被,当给土壤盖上这床特殊的棉被后,土壤的温度、湿度将得到改善。种植的农作物受季节影响的程度大幅降低,产量也得到大大提升,农民伯伯们不需要再看天吃饭。因为农业地膜的存在,人们在一年四季都可以吃到新鲜的蔬菜。传统的农业地膜所使用的塑料为不可降解塑料,丢弃后,在田间几十年都不能自行降解,还会让土地板结。

> 如今可降解塑料应用于农业地膜,农民在享受地膜带来的益处时再也不用担心地膜回收不好处理的难题了!

农业地膜

2 医疗领域

在医疗领域,可降解塑料用于制作可吸收手术缝合线。在此前,人们手术后还需要忍受着疼痛让医生拆除缝合线,这样不仅麻烦,还可能会造成伤口感染、发炎,不利于身体康复。现在以可降解塑料为原料制备的手术缝合线,在伤口愈合的同时,缝合线也会被吸收降解,再也无须拆线,极大地降低了伤口感染的风险。

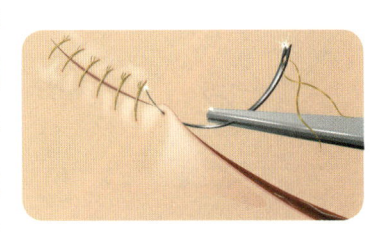

手术缝合线

小米糕,你知道可降解塑料还可以用在哪里吗?

我查了资料的,这可难不倒我。在食品包装领域,可降解塑料用于制备各类食品的内外包装,既保证了食品干净卫生,又实现了对环境的保护,真是一举两得呢!

动手试试吧

塑料辨辨辨

实践任务:塑料制品在生活中应用广泛。塑料制品与其他材料制品相比有什么优缺点呢?请进行对比观察,从透明度、质量、价格、耐腐蚀、环保等角度分析塑料制品的特性。

★第一组:塑料尺子 VS 木制尺子

★第二组:塑料杯 VS 不锈钢杯子

★第三组:塑料袋 VS 纸袋子

★第四组:塑料碗 VS 陶瓷碗

塑料的使用给我们的生活带来了便利,然而也给自然环境造成了危害,科学家们正在努力地研制可降解的塑料。小朋友也开动脑筋想一想,自己可以做些什么来减少塑料污染呢?

话中有"化"

可降解塑料为当下全球的环境保护事业画上了浓墨重彩的一笔，随着可用石油资源的减少、人类环保意识的增强，可降解塑料有望成为应用最为广泛的一种材料。然而，我们也不能忽视可降解塑料发展中面临的重要挑战，它的制造成本相对较高，分解速度受环境条件限制，且有时过于缓慢，这可能达不到预期的环保效果。我们期待通过不断的努力，找到一种更加完善的平衡，让创造力和环保意识共同推动人类与自然和谐相处。

> 喝奶茶换了纸吸管，购物袋也换了生物降解材料……大家可能一时难以习惯，也可能会有所顾虑，但从长远来看，这场变革势在必行，我们必须迎难而上，共赴这场不"塑"之约。

可降解塑料

4 捕捉重金属的材料

背景 BACKGROUND

"中毒"一词或许令人毛骨悚然，殊不知我们每天都被各种"毒素"包裹着。重金属一直存在于我们的周围，无论是空气、泥土，还是水中都含有重金属，如空气中的尘埃、汽车尾气，甚至日常洗澡的自来水都含有重金属。重金属不仅从日常饮食中入侵人体，甚至能从肌肤外渗入体内，在体内累积逐渐破坏人体系统。那我们应该如何防治重金属污染呢？

剧中藏"化"

> 这里的研究人员正在研究捕捉重金属的材料。

> 那听起来好有趣！捕捉重金属是什么意思啊？

> 就是当一些重金属，如铅或汞，进入我们生活周围的水或土壤时，我们可以用一些特殊的方法把它们"捉住"，让它们不再对环境和我们的身体造成危害。

> 哇，那太厉害了！那我们怎么捕捉它们呢？

> 有好几种方法呢！一种方法是用一种叫作"改良剂"的东西，降低重金属的毒性。还有一种方法是使用捕捉剂，抓住重金属，不让它随便乱跑。

捕捉重金属的材料

好厉害啊！这样我们生活周围的水和土壤就能变得更干净了。可是，如果我们不捕捉这些重金属会发生什么呢？

如果不捕捉的话，这些重金属可能会进入我们食用的水或者蔬菜水果中，对我们的健康不利。而且，它们也会影响到水里的鱼和其他动物，造成生态系统的问题。

"化"来揭秘

一 原来重金属离我们这么近！

在化学中，金属可根据密度分成重金属和轻金属，常把密度大于 4.5 g/cm³ 的金属称为重金属，如：金、银、铜、铅、锌、镍、钴、铬、汞、镉等约 45 种。

环境污染里的重金属是指铅、汞、镉、铅、铬以及类金属砷等生物毒性显著的金属。

这些重金属都很难被生物降解，一旦进入人体就会一直在人体内存在。想象一下，你的身体就像是一座繁忙的城市，各种细胞和分子在这个城市中进行着复杂的工作。而重金属中毒就像有一位入侵者，悄悄闯入这座城市，打乱了正常的秩序。这位入侵者就是重金属，比如铅、汞等。它们可以通过各种途径，如空气、水源、食物等进入我们的身体。一旦进入人体，它们就像是小怪兽一样混在城市的各个角落，影响着城市正常的工作流程。

首先，它们可能进攻我们的细胞，阻碍细胞正常功能的发挥。有些重金属甚至可以模仿身体内的天然元素，误导细胞，使得细胞接受错误的指令。其次，重金属也可能在我们的身体中建立据点。比如在骨骼中积聚，就像是入侵者在城市中占领了某个区域。

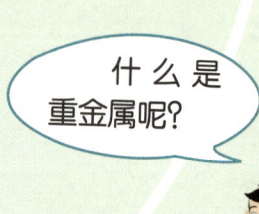

什么是重金属呢？

扫一扫观看更多科普内容哦！

重金属"入侵"人体

这会导致骨骼变得脆弱，从而影响身体的结构和稳定性。更严重的是，一旦这些重金属进入我们的血液中，它们就像是在城市中释放了有害的污染物，这可能导致血液循环受阻，影响到各个器官的正常工作。

二 重金属污染，我们不能忽视的现状！

土壤重金属污染正在威胁着我们的身体健康，我们必须重视起来！

1 重金属土壤污染

重金属土壤污染是指土壤中重金属元素含量超标，超过土壤能够承受的极限值，造成生态破坏和环境质量恶化的现象。这就像一个气球，填充气球的气体超标，会让气球炸裂一样。据统计，当前我国重金属被污染的土壤面积达到5000万亩，土壤中出现的重金属元素主要有汞、镉、铅、铬、锌、铜等。

土壤中的重金属超标

2 对植物的危害

土壤中的重金属会对植物产生毒害作用,导致植物高度、植物主根的长度、叶的面积等一系列生理特征发生改变。植物体内的重金属会诱导植物产生一些有毒害作用的物质,就像在植物体内突然出现了一些"怪兽",释放出会伤害植物体的物质。

生长干扰

这些怪兽会让植物的根部变得混乱,导致植物无法吸收到它们需要的营养,例如 Ca、Mg 等矿物质元素,植物不能健康成长。这就像我们在吃饭时,有人捣乱让你无法正常吃饭,让人出现营养缺失的不良现象。

营养缺失

正常生长的植物与营养缺失的植物

3 对动物的危害

土壤重金属含量直接影响蚯蚓、线虫等无脊椎动物的数目、丰富度和群体构成等。科学家们调查了受重金属污染的土壤中的蚯蚓数，将调查结果与未受重金属污染的土壤中的蚯蚓数进行比较，发现未受重金属污染的土壤中的蚯蚓数明显高于受重金属污染的土壤中的蚯蚓数。

未受重金属污染受 　　　　重金属污染的土壤

上述结果说明随着土壤中各种重金属元素的增多，土壤中的动物逐渐减少，严重威胁到这些小动物的生存。这就像我们生活的环境中，如果空气含有大量的有毒气体，那么，随着时间推移，我们会更容易生病。

科学小百科

无脊椎动物

无脊椎动物是背侧没有脊柱的动物，它们是动物的原始形式。其种类数占动物总种类数的95%。分布于世界各地，现存100余万种。无脊椎动物主要包括原生动物、棘皮动物、软体动物、扁形动物、环节动物、腔肠动物、节肢动物、线形动物等。

海星（棘皮动物）　　蚂蚁（节肢动物） 　　水母（腔肠动物）

4 对人体健康的危害

由于重金属不能被土壤微生物分解，因此它会在土壤中逐渐积累，转化为毒性更大的化学物质，就像滚雪球一样，变得越来越大。有的含有重金属的蔬菜被动物吃掉，通过食物链，就会在人体内蓄积。这些有毒重金属聚集在身体的某些器官中，会引起慢性中毒。

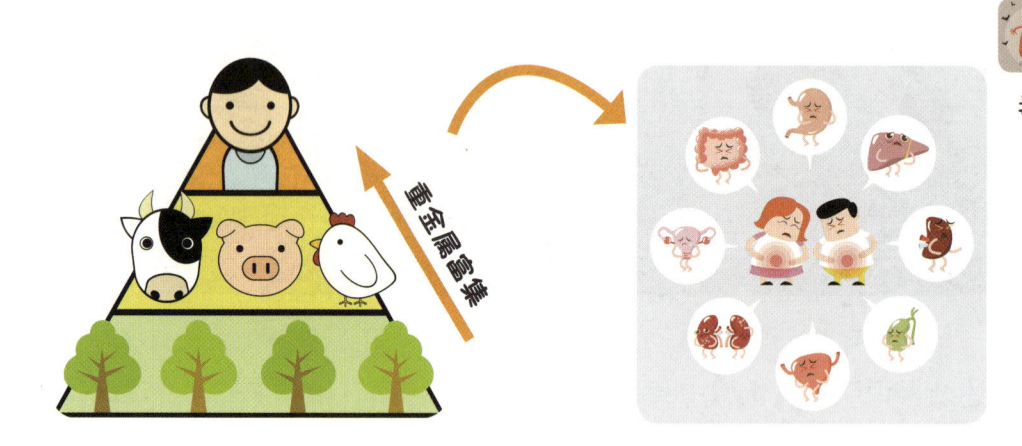

重金属超标对人体的危害

三 重金属水体污染

地表水源作为主要的饮用水来源，对我们十分重要，但我国的河流、湖泊及水库中的主要重金属污染十分严重，按照严重程度依次为汞污染、镉污染、铬污染和铅污染。其他重金属如镍、铊、铍、铜在我国各类地表水饮用水体中的超标现象也很严重。

> 我们来了解一下最严重的重金属水体污染——汞污染吧！

汞是一种重金属，就像是环境里的一位顽皮小精灵，会给我们的身体带来麻烦。它可以通过食物链进入我们的身体，比如我们吃东西的时候，有些鱼会吃到汞，然后我们又吃了这些鱼，汞就偷偷溜进了我们的身体。

汞通过食物链进入人体内

科学大揭秘

古代丹药

古代炼丹主要以朱砂、铅、汞、硫黄等为原料，炼成的丹药中多含汞、砷和铅等物质。服食丹药的人常常因体内重金属超标而中毒身亡。

古代炼丹

四、捕捉重金属的材料，出击！

重金属超标有这么大的危害，我们有什么应对的方法吗？

这就是我们接下来要了解的内容，材料工厂梦之旅中就会认识能够捕捉重金属的材料，快来一起看看吧！

1 改良剂

向污染土壤中添加的改良剂可与重金属发生一系列反应，从而降低重金属的毒性。这种方法可以减少其对土壤的毒害作用。

改良剂 + 重金属 → 毒性降低

改良剂降低重金属毒性

目前，比较常见的改良剂主要包括黏土矿物、含磷材料、硅钙物质、金属氧化物、有机物料、生物炭和新型材料等。

生物炭是一种作为土壤改良剂的木炭，能帮助植物生长。生物炭也是一种新型环境功能材料，它的基本组成元素有碳、氢、氮、氧等，并且最重要的特征就是含碳量极高。生物炭具有疏松多孔的结构，因此具有较大的比表面积，对土壤中的铅离子有良好的吸附作用，就像磁铁能把铁吸走一样。

疏松多孔的生物炭

生物炭 —吸附→ 土壤中的铅离子 →

吸附铅离子的生物炭

科学小百科

比表面积

比表面积是指单位质量物料所具有的总面积,单位是 m^2/g。通常指固体材料的比表面积,例如粉末、纤维、颗粒、片状、块状等材料的比表面积。

比表面积还有另一种定义:比表面=面积/体积。

$V=a^3$　　$V=a·b·c$　　$V=\pi r^2·h$　　$V=\frac{4}{3}·\pi r^3$　　$V=\frac{1}{3}·\pi r^2·h$

几何体及体积公式

吸附　吸附是指物质(主要是固体物质)表面吸住周围的气体或液体的现象。

2 捕捉剂

重金属捕捉剂是利用化学方法与污水中的重金属螯合,形成絮状沉淀,实现去除重金属的水处理药剂,简称重捕剂。

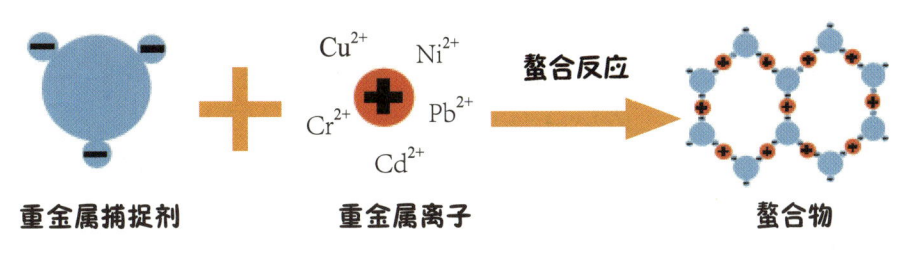

重金属捕捉剂　＋　重金属离子（Cu^{2+}　Ni^{2+}　Cr^{2+}　Pb^{2+}　Cd^{2+}）　→ 螯合反应 →　螯合物

螯合反应示意图

可以把重金属捕捉剂和重金属的螯合反应想象成：重金属捕捉剂上带负电荷的部位就相当于它的手，当遇到带正电荷的重金属离子时，重金属捕捉剂就会用手紧紧抓住重金属离子，它们就会螯合变成不溶于水的沉淀物，从而从水中去除。

重捕剂

我们人类这么容易接触到重金属，那有什么方法能帮助人们排出体内的重金属呢？

重金属排毒是一个漫长的过程，我们在日常生活中养成以下习惯，就可以获得较大益处啦！

五　怎样排出身体内的重金属？

1　喝足够多的水

我们的身体含有约 65% 的水，这一点就证明若人体水分不足很可能会产生不良后果。当重金属进入我们的身体时，氧化应激会触发它们的毒性。多喝水可以减少氧化应激，抑制体内重金属的毒性。此外，水给全身输送必需的营养物质和矿物质，这些营养素和矿物质可以增强排毒器官——肝脏、肾脏、肠道、呼吸道和皮肤的功能。

科学小百科

氧化应激

氧化应激是指体内抗氧化剂无法完全中和自由基的反应。

自由基是一种不稳定的分子，它们可以与体内的一些分子发生反应，导致细胞和组织损伤。通常情况下，自然界中一直发生着氧化反应，这是所有生物包括人类衰老过程中的正常现象。在氧化的过程中，细胞就会产生自由基。同时，细胞也会产生抗氧化剂，去中和这些自由基，抵御自由基对细胞的损伤。总的来说，抗氧化剂和自由基之间维持着平衡。

然而一些环境因素，比如外界压力、不健康饮食习惯、某些疾病、污染和辐射等，它们会导致体内过量的自由基的产生。这时产生的抗氧化剂无法中和掉这些自由基，激发了身体的免疫反应引发氧化应激。

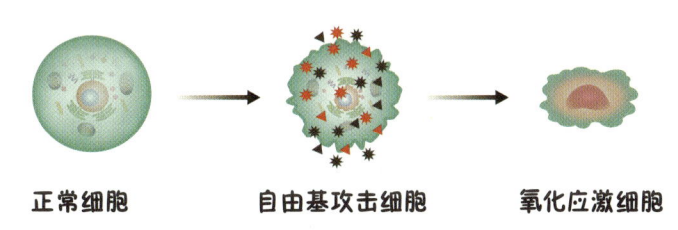

正常细胞 → 自由基攻击细胞 → 氧化应激细胞

氧化应激现象

2 吃发酵食品

多食用益生菌酸奶、乳清、干酪、开菲尔饮料、发酵豆腐和豆豉以及腌黄瓜、萝卜、甜菜和大蒜等含有益生菌的发酵食品，以促进体内益生菌的生长，让这些发酵食品成为我们日常饮食的一部分，有利于体内重金属的排出。

显微镜下的益生菌

3 多锻炼

经常锻炼可以让身体在几秒钟内出汗，有效地排出毒素。运动可以促进富含氧气的血液在全身循环。

因此，每次运动就像是给身体来了一次"大扫除"，让毒素无处遁形。运动不仅是一项锻炼，更是身体的一场自我宠爱，让你的身体感受到无限活力，就像是在体内开启了一场欢快的音乐会。所以，让我们一起动起来，让身体在运动的旋律中释放出健康的活力吧！

家庭锻炼

动手试试吧

重金属与普通金属的密度比较

重金属与普通金属小块或金属片，重金属可以选择铜块或铅块，普通金属可以选择铝块，一个水杯、水、电子秤。

实验步骤：

★测量并记录各金属块的重量。

★将水杯装入水。

★小心地将金属小块或金属片一个个放入水中，观察它们的行为。

★计算金属块的密度（密度＝质量÷体积，体积可以用排水法进行估算）

现象观察：

★观察金属在水中的行为，金属块是否会沉入底部。

★尝试推断不同金属的密度。

注意哦！在实验中使用的重金属如铅可能有毒，所以在进行实验时需要老师或家长的指导和监督。在实验结束后，要确保将所有金属清理干净，并确保水没有受到污染。

捕捉重金属的材料

话中育"化"

尽管地壳中存在多种重金属，但汞、镉、砷和铅是我们空气、水、土壤和食物中最常见的污染物。我们每天可能会接触到低度至中度的几种毒素，具体取决于我们的生活方式。比如因职业接触（例如采矿或制造业）而长期接触高浓度重金属的人，其体内会积累较高水平的这些元素。其他意想不到的重金属来源包括药品、涂层不当的食品容器、工业接触和含铅油漆。许多重金属不容易从体内排出，如汞可以在器官中积聚，主要是肾脏、大脑和肝脏。重金属如果在人体的某些器官中累积，会造成人慢性中毒，一旦进入神经系统，会干扰神经的正常功能。重金属累积到一定程度会导致病变，使正常人成为植物人，严重的甚至会致死。

> 作为食物链顶端的人类，务必对重金属污染和人体排毒引起重视。

有毒重金属汞

5 过目不忘的"天才"高分子

背景 BACKGROUND

自动展开的太阳镜、一次性使用的纸尿裤、抗皱耐磨的登山服……过目不忘的"天才"高分子听起来遥不可及,但其实在生活中我们对它并不陌生,在未来我们的"天才"高分子将进入更多领域。

剧中藏"化"

小朋友,你迷路了吗,需不需要我们送你回家?

我可从来不会迷路!

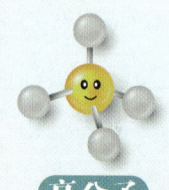

高分子

哦,小朋友,那我可要考考你,你今年多大了,叫什么名字?

咳咳,我可不是小朋友,我可是来自20世纪的高分子!我有着过目不忘的本领,早在1959年我就已经出生啦!

过目不忘的"天才"高分子

太神奇了！你还有什么其他的特点吗？

当人们需要我时，我便会发挥我们超强的记忆能力，来完成使命！拥有这项本领的高分子，已经出生很久了！

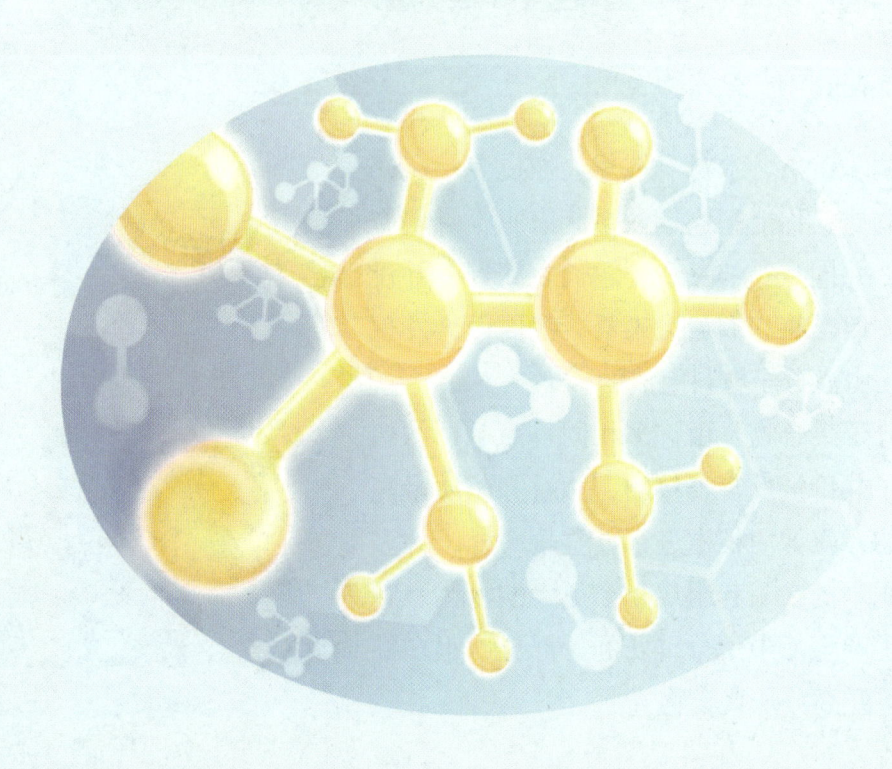

061

一 记忆"天才"高分子的前世

> 小博士,高分子难道是因为它长得很高吗?

> 与其说高分子很高,不如说高分子很长!之所以"高",是因为高分子这个大家庭里有上千个成员哦!

丝绸、DNA、木材、气球、橡皮泥……谈到这些物质,你能把它们联系起来吗?它们有没有什么共同点?乍一看,它们之间好像并没有关联,但是将它们放大来看,我们便会发现它们都是由高分子材料组成的。

高分子聚合物是由许多相同且简单的结构单元通过共价键反复连接的、相对分子质量高的化合物,就像用积木进行叠叠乐一样,许多小块的积木搭在一起组成一个更大的物体。它是人类生产生活中十分重要的一部分,很多领域都离不开高分子聚合物。

叠叠乐

早在 20 世纪 50 年代，美国的一位科学家在实验中惊奇地发现，有一种高分子材料在拉伸后，在不断地改变温度、最后回到原来温度的环境中，这种材料竟然可以变回原来的形状。在 20 世纪 70 年代，美国的宇航局开始利用这种神奇的高分子材料，并引起了各国的关注，其他各国纷纷开始对这种记忆"天才"高分子进行研究。1980 年至今，法国、中国、日本等国家在记忆高分子的领域研究出了各种有用的材料，让我们的生活变得更加丰富多彩。

航空航天领域显神通

科学故事会

慧眼识宝

第一个高分子聚合物其实是科学家偶然间创造出来的，可是当时科学家们只认为这是化学反应失败的副产物。许多化学家认为这种黏东西毫无价值，大部分都将其丢弃，直到一名叫利奥·贝克兰德和其他在刚起步的电力工业中寻求商机的人认为，这个黏糊糊的东西或许将是某种伟大的发现，而这也让利奥·贝克兰德成为世界上第一个发明塑料的人。

利奥·贝克兰德

二 记忆"天才"高分子的今生

高分子的种类那么多，那形状记忆高分子有什么特别之处？

形状记忆高分子除了有记忆的天赋,还同时拥有塑料和橡胶的特性,它集合了普通高分子所拥有的普遍的优点,记忆甚至只是它众多的优点之一呢!

　　形状记忆高分子材料是一种聚合物材料,它具有一定初始形状,在外界条件(如热、电、光等)的刺激下,它能固定成另一种形状。即使是变形后,在一定条件下也能恢复到初始的形状。这种聚合物中的长链就好像一根长长的毛线,我们可不能让它杂乱无章地缠绕成一团,因为混乱的状态没有办法让它获得记忆功能。

　　该聚合物中单独的长链没有办法保存下来,而交联的过程能够使记忆高分子成形。没有交联的过程,形状记忆高分子也就不再是记忆"天才"了。

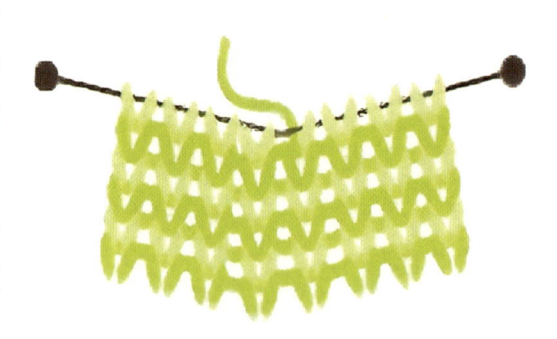

将杂乱的毛线编织起来

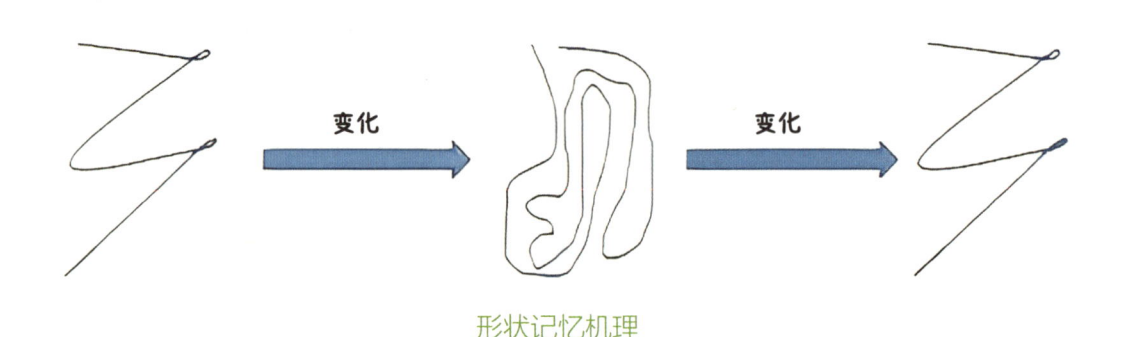

变化　　变化

形状记忆机理

科学小百科

交联

交联是为了使材料更坚固、更有弹性，所以科学家们通过交联来加强材料性能，让它们更好地完成各种任务。高分子的交联类似果冻的制作过程，这时候的果冻粉就好比是我们的主角——高分子，我们把果冻粉和水混合在一起，水便是"连接剂"，它把这些果冻粉内的各个分子粘在一起，使得果冻Q弹。这么有趣又神奇的科学，赶紧去试试制作果冻吧！

果冻布丁

形状记忆高分子材料（SMP）的记忆过程是循环的，它从初始状态开始，经过固定形状的变化，然后再回到初始状态。研究者们为我们提供了一个非常形象的观点。这种形象的比喻适用于所有形状记忆高分子材料。形状记忆高分子的内部就好像有两个开关，一个叫作开关点，一个叫作开关相。开关点的任务是固定记忆高分子聚合物的形状，而开关相的任务则是控制和恢复记忆高分子聚合物的外部形状。

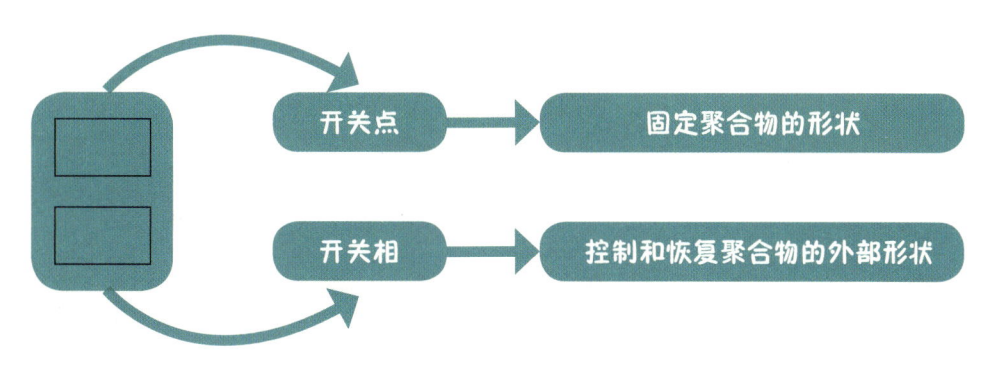

形状记忆高分子的两个"开关"

三 各显神通的"天才"高分子

> 形状记忆高分子材料就像是大自然送给我们的一份魔法礼物,让我们的生活更加方便有趣。记住,它们是科技和材料的小魔术师,为我们的世界增色不少!

四 在智能纺织物领域秀智慧

神奇的形状记忆高分子材料可以用在纺织品中,它主要通过三种方式进入我们的生活:第一种是高分子材料变成细细的丝线,然后纺成纱线;第二种是固态的高分子材料可转化成液态,涂在布料上,赋予布料形状记忆的功能;而第三种则是这种材料与天然纤维相配合,直接织成各种衣服,共同构成复合材料。

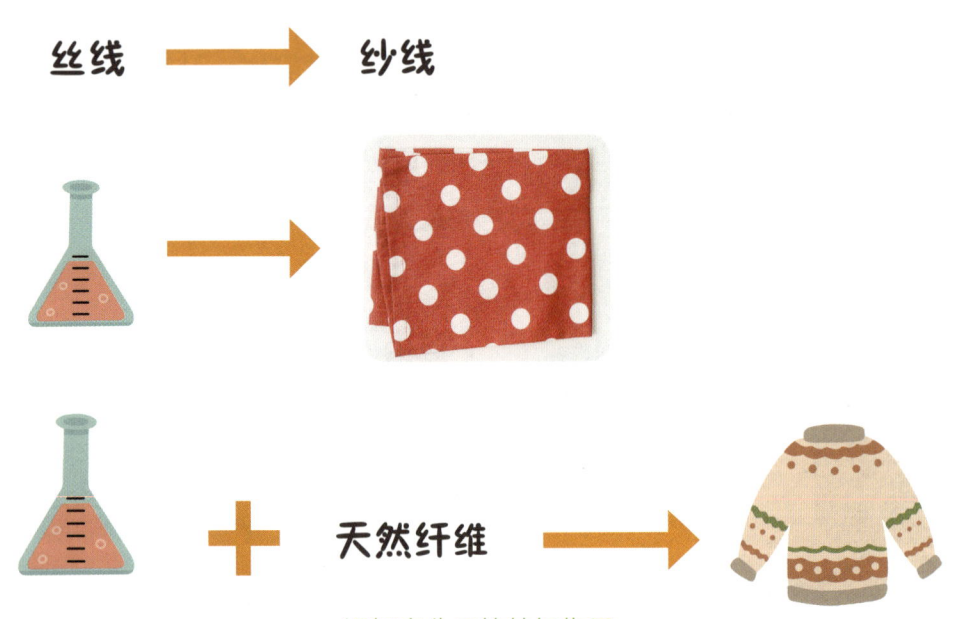

丝线 → 纱线

+ 天然纤维 →

记忆高分子的纺织作用

其中有这样一种材料,它们靠湿度唤醒自己的记忆功能。我们平时所使用的卫生纸,和婴儿使用的尿不湿有什么不一样呢?其实,尿不湿里也有大学问,质量不好的产品在多水的环境或者高温时会发生形变或变得不舒适,产生渗漏问题。而加入记忆高分子材料后，这些产品可以反复折叠与伸缩，而在潮湿或有水时，反而有部分恢复形状的能力，可最大限度保持形变，从而防止渗漏。

另外，我们在登山时用到的登山服、运动服、帐篷等，都具有抗皱、耐磨、防水等特性。运动服、登山服的袖口、领口等都非常容易接触到污渍以及出现磨损，而如果用我们的形状记忆高分子材料制作这些衣物，衣物即使受到磨损、变形，在温度升高后，这些皱痕便会消失哦！

登山服、帐篷

五 在医学领域显神通

形状记忆高分子材料在医学、运动护套、织物、人造头发，特别是在可生物降解的医用缝合线等领域具有广阔的应用前景。有这样一种神奇的缝合线，当这条线被拉伸、定型后，医生们便可以放心地手术；而当手术结束，需要缝合时，这种缝合线便派上大用场：医生们用它缝合伤口后，这种缝合线接触到伤口，感受到人的体温，竟然会慢慢复原，自然而然地扎紧使伤口闭合了！

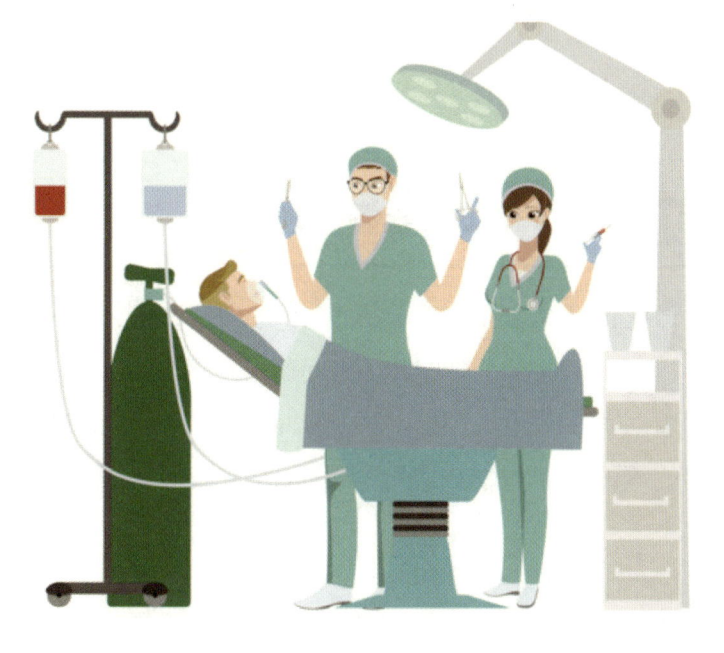

当普通的手术无法满足病人的病情需要时，医生便需要使用更加高端的医疗器材。病情复杂的病人往往需要反复进行伤口检查、手术再缝合，这些会对病人产生二次伤害。

医用缝合线

> 这个时候，我们需要使用什么方法减轻病人的痛苦、减少二次伤害呢？

在考虑到减轻病人痛苦的情况下，一种可以植入人体内的材料便应运而生。这种医疗"小零件"可以在手术时植入体内，放于需要治疗的位置，通过升温获得已经记忆的形状，而当治疗完成后，这种材料在体内慢慢降解或被吸收与排出。这类材料无须进行第二次手术取出，极大地减轻了病人的痛苦。怎么样，是不是很神奇呢？

> 有了记忆"天才"高分子的帮助，我们的病人恢复得更快啦！

> 哇，这简直太神奇了！

六 4D打印技术崭露头角

形状记忆高分子材料还可以作为3D打印技术的墨水，而4D打印技术则是给用3D打印技术打印出来的制品赋予时间，并且在外界的影响下，让制品随着时间的变化发生改变！与此同时，形状记忆高分子材料所带来的4D打印技术的发展为生物医疗和建筑等领域的发展提供了十分便捷的条件。

动手试试吧

"铁树开花"的秘密

实验材料：铁丝、记忆金属、花盆。

实验步骤：

★将铁丝拧成树枝状，作为"铁树"中花的枝干；

★将记忆金属裁剪成花朵的形状，并将花瓣闭合，折成未开放的状态；

★将花朵粘到枝干上，并插入花盆中，闭合状态的花朵放在可开放的位置；

★将花盆从低温区搬至30℃左右的高温区（或使用热吹风机），就可以见证"铁树开花"啦！手巧的小朋友还可以将花朵喷上你喜欢的颜色哦！

"化"来揭秘

我们需要加强对高分子材料的认识,只有认真地了解各种高分子材料的用途、排放与注意事项,我们才能更好地把握它们的使用要点,更好地运用技术手段进行创新。我们更需要先进的科技水平,提高我们的生产技术,来解决污染问题,才让更多新技术用于高分子材料的再利用。废旧高分子材料的再利用不仅可以有效防止城市环境污染,还可以节约资源,实现"一举两得"!

我们需要找到和研究出一种环保型的高分子材料。在加快城市发展的同时,我们也需要歇歇脚,让我们的地球喘一口气哦!

废旧高分子材料

6 引领新世纪革命的纳米材料

背景 BACKGROUND

小博士给小米糕带了一个生物波纳米水杯，小米糕看后心里产生了深深的困惑与不解：纳米水杯外观看上去与普通水杯一样，会有什么奇妙之处呢？小博士便带着小米糕来到了材料工厂梦之旅的最后一站！

剧中藏"化"

小米糕,快来!我给你带了一个神奇的礼物哦!

是什么呀?

你看,是一个水杯。

啊,我书包里刚好还带着一个水杯,你这个有什么不一样呢?

这个水杯看上去普普通通,实际上它经过了纳米技术处理,可以活化水分子,让水分子更容易被人体吸收。如果在这个水杯中倒入茶水,茶的涩味还可以减弱。如果长期饮用这种"活化水",其产生的效应可以改善血液循环和微循环,促进新陈代谢,在一定程度上还有利于调节肠胃功能、缓解便秘。

引领新世纪革命的纳米材料

哇！这小小的杯子居然有这么神奇的作用！我之前在网上看到很多关于纳米材料的报道，没想到今天我也用上了！

我可有大作用呢！

纳米水杯

制作水杯的纳米材料到底是什么呢？

我们需要找到和研究出一种环保型的高分子材料。在加快城市发展的同时，我们也需要歇歇脚，让我们的地球喘一口气哦！

073

"化"来揭秘

扫一扫观看更多科普内容哦！

一 一探纳米材料的奥秘

1. 纳米材料究竟是什么呢？

纳米材料是晶粒尺寸介于1~100 nm之间的晶体材料，如一些直径很小，肉眼无法看见的小球。科学家们借助显微镜来观察它们的状态，发现组合成纳米材料的小球排列方式有很多种：有的是球状的纳米材料称为零维纳米材料，也称为纳米点；有的是纤维状的纳米材料称为一维纳米材料，也称为纳米线；还有的是层状的纳米材料称为二维纳米材料，也称为纳米膜。

化学故事会

中国的纳米开端

1989年，美国斯坦福大学利用原子团"写"下斯坦福大学英文名字，1990年，美国国际商用机器公司在镍表面用多个氙原子排出"IBM"，这之后中国科学院北京真空物理实验室在1993年自如地操纵原子成功写出"中国"二字，标志着我国开始在国际纳米科技领域占有一席之地。

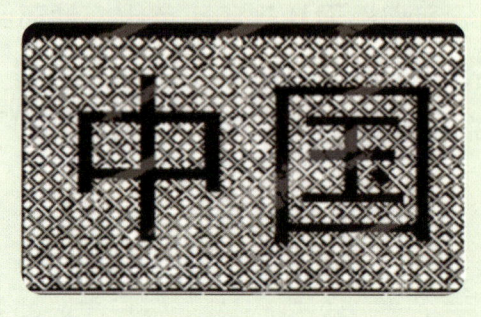

中国科学家用原子写出的"中国"二字

2 纳米材料有哪些"过人之处"？

> 其实，与一般晶体相比，纳米材料的晶粒极其细小，所以它有许多一般晶体都没有的过人之处。

（1）小尺寸效应

纳米材料的晶粒尺寸极小，因此相较于一般晶体它的许多性质都发生了翻天覆地的改变，就像天空中的一朵云，当它变成纳米材料时，这朵云就发生了改变，可能会变成一条小狗的形状。我们把这种现象称为小尺寸效应。在现代科技中，纳米材料常见的改变有力学性质、电学性质、磁学性质等。比如，纳米材料的熔点显著低于一般材料。

一般材料 →纳米材料处理→ 纳米材料

（2）表面效应

表面效应就像一块空地上只有 20 个凳子，那么这块空地上可以让 20 个大人坐下，但如果来了 100 个小孩，虽然这块空地可以让这些小孩都可以进入，但是这块空地上只有 20 个小孩可以有凳子坐下。因此，当有其他空地有凳子时，这些小孩就会离开这块空地。

和一般材料相比，纳米材料颗粒尺寸小，每1平方厘米上的晶粒数量（人数）大量增加，导致原子配位（凳子数）不足，晶粒表面的原子就很容易和其他原子结合。因此，纳米材料具有超强的化学活性，会使它发生一定的改变，这样的现象就称为表面效应。比如金（Au）在空气中不可以燃烧，但是纳米金颗粒在空气中可以燃烧。

原来和一般材料相比，纳米材料的小尺寸让它的许多方面都得到提升。真是"小"身材也有"大"用途呀！

3 纳米材料可以在哪些方面发挥作用呢？

纳米材料的特点听起来有点像是科幻小说中的东西，但实际上它是我们生活中非常有用的材料哦！

（1）纳米材料在刀具等方面的应用

我们制作刀具或其他工具也会用到纳米材料，想要让刀具既锋利又耐用，而纳米材料尺寸小的特点恰好可以让分子结构变得非常有序和坚固。

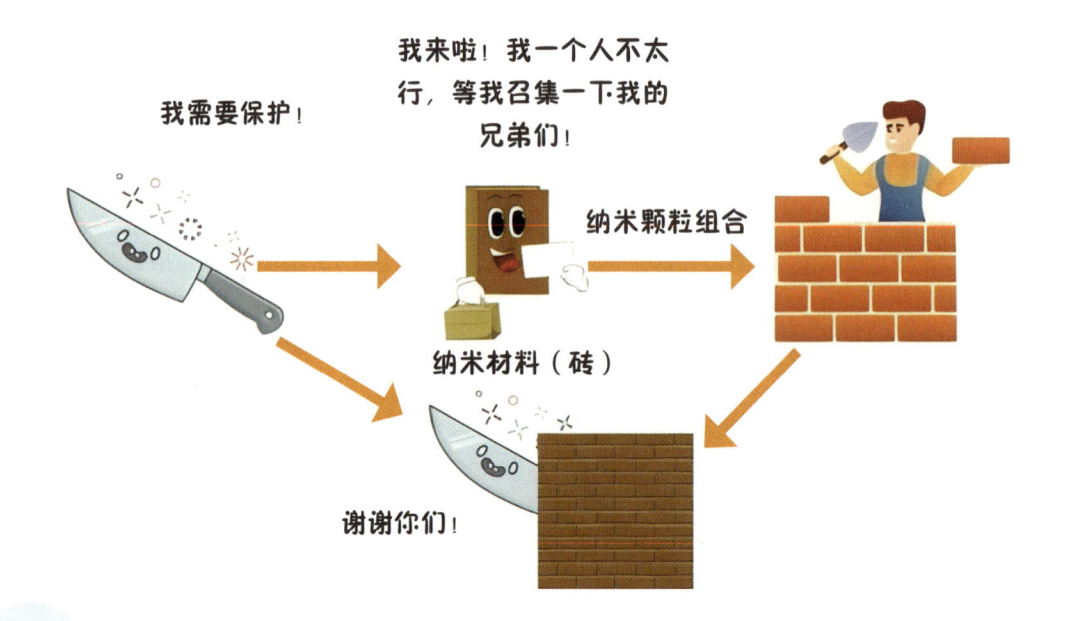

我需要保护！

我来啦！我一个人不太行，等我召集一下我的兄弟们！

纳米颗粒组合

纳米材料（砖）

谢谢你们！

这就像把一堆砖块排列得非常整齐变成一面墙,这面墙可以保护刀具不易受伤。因此,当这些纳米材料被用在刀具的表面时,它们会像一层坚固的护甲,使刀具更加耐磨、不容易生锈,这样刀具更加坚韧耐用。

纳米材料也能应用于航天航空、机械、化工、汽车和冶金等领域,使零部件具备非常高的强度、硬度和抗腐蚀能力。

(2)纳米材料在医学方面的应用

纳米材料凭借着自己的过人之处,在医学方面也发挥着巨大的作用。它有时候像一个小魔法师,施展魔法把自己和抗肿瘤的药物结合在一起;有时候又像一个小侦探,和抗肿瘤药物一起快速侦破肿瘤在哪里;有时候又像一个小战士,和抗肿瘤药物一起变成两个超级英雄并肩作战,帮助医生快速地攻击肿瘤,打败坏人。"他"就像医生的小小助手,帮助医生了解和治疗我们的身体,守护我们的健康。

我可以和抗肿瘤药物结合!	我可以找到肿瘤在哪里!	我可以消灭肿瘤!
小魔法师	小侦探	小战士

目前,在医学上有一种新型机器人叫作纳米机器人,它的作用非常大。因为它的身体非常小,可以进入到我们的血管中,检查我们是否健康;它还可以带入一些特殊的药物,进入我们体内后再释放这些特殊的药物,就可以进行治病啦!还有好多好多作用,以后我们慢慢了解吧!

科学大揭秘

纳米机器人

纳米机器人是纳米生物学中最有诱惑力的，大家对它都十分好奇。

第一代纳米机器人把生物系统和机械系统结合起来，这种纳米机器人可以进入我们的血管里，进行健康检查和疾病治疗（疏通脑血管中的血栓、清除心脏脂肪沉积物、吞噬病菌、杀死癌细胞、监视体内的病变等）；还可以对我们的器官进行修复，比如从基因中把有害的DNA去除，再把正常的DNA安装在基因中，让我们的身体正常运行；还可以让能够引起癌症的DNA发生巨大的变化来延长我们的生命。将由硅晶片制成的存储器（ROM）微型设备植入大脑，其与神经通路相连，可用于治疗帕金森病或其他神经性疾病。

第二代纳米机器人是用原子或分子组装的，就像我们用积木搭建的玩具一样。这样的机器人具有特定的功能，它可以执行复杂的纳米级别的任务。

第三代纳米机器人将包含一个纳米计算机，可以进行人机对话。这种纳米机器人只要成功制出，将彻底改变人类的劳动和生活方式。

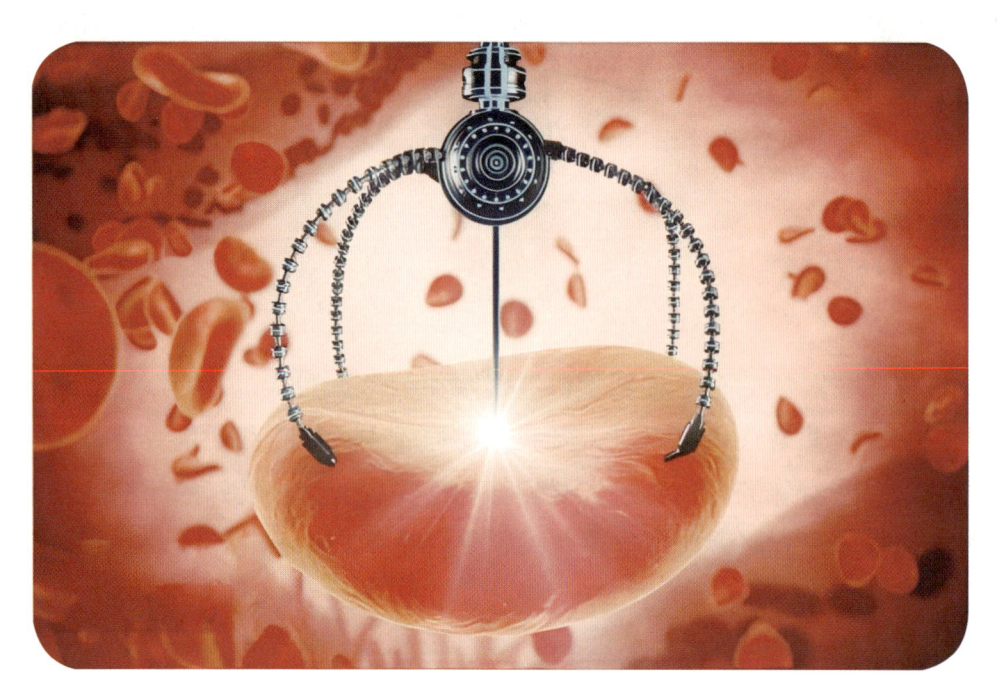

纳米机器人与红细胞注射

小博士，纳米材料这么好，那我们可以随时都使用它吗？

这可不一定呀，我们接下来一起来看看纳米材料的另一面你就明白啦！

4 纳米材料会带来哪些"不为人知"的影响呢？

纳米科技的发展推动了人们对物质世界的认识进度，加深了人们对生命科学的理解，但是任何事物都是具有两面性的，我们在接受纳米科技给我们带来恩惠的同时，也不能忽视其给我们带来的危害。

纳米材料正在让我们的世界变得更有趣，它也帮助科学家们更好地了解了世界上的小小事物，就像神奇的放大镜，让我们看到了平常看不见的微小世界。这让我们对物质世界的了解更深了！

让我来看看这个世界有什么？

当然，纳米材料也有两面性，就像是一枚硬币。一方面，纳米材料带给我们许多好处：帮助医生治疗疾病，让我们的电子设备体型变得更小、功能更强大，还可以制备更环保的材料等。但是另一方面，我们也要谨慎一些，因为目前我们还不了解纳米科技的全部影响，如果使用过度，可能会对环境或我们的健康产生一些危害。

我有两面哦！快来看看是什么吧！

就像小朋友们吃巧克力一样，吃的时候，我们可以好好地品尝它的味道，但也要注意不要吃太多啦！

5 纳米材料是打开细胞大门的密钥

纳米材料颗粒非常小，非常容易穿过细胞膜，进入细胞内部，就像有一道只有纳米材料才能进入的小门一样。有的纳米材料颗粒甚至可以进入到细胞内的细胞器中，细胞器就像是细胞这个工厂里的小车间。这些小精灵顺利通过每一道大门后，就会开始施展魔法，通过化学反应，和细胞中的一些重要的物质结合在一起，让细胞内的结构发生变化。但是这样会使我们的细胞发生混乱，就像房间里的家具放错了位置，我们人体有些激素和酶可能会因此失去活力，严重的甚至可能会导致我们的 DNA 发生一些奇怪的变化，让我们的身体逐渐变得不一样，那真是太可怕了！

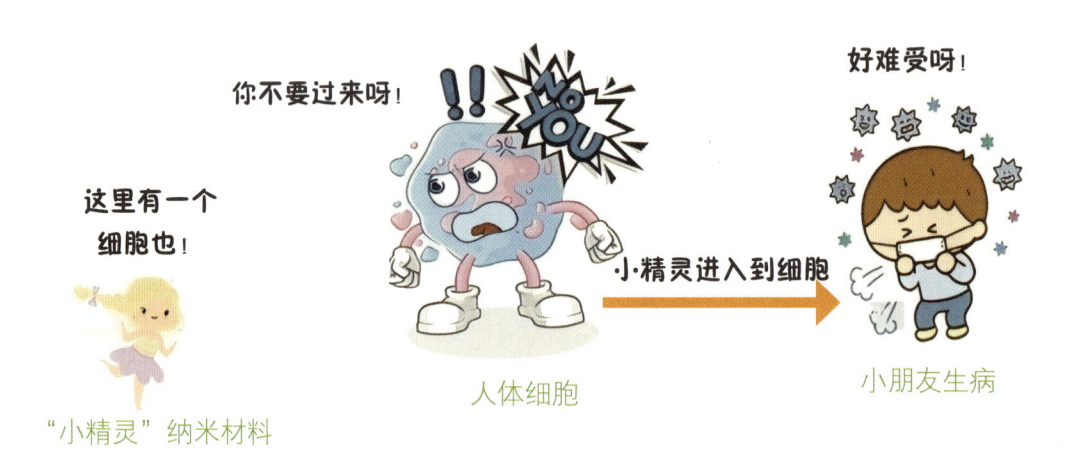

这里有一个细胞也！

"小精灵"纳米材料

你不要过来呀！

人体细胞

小精灵进入到细胞

好难受呀！

小朋友生病

6 纳米材料是环境中的旅行者

现在我们的科技越来越发达，科学家们的研究成果越来越厉害，他们用纳米材料来制造很酷很神奇的东西。但是使用后，这些纳米材料会被释放到我们周围的环境中。它们进入大气、水和土壤时，就像是小小的旅行者一样，开始在环境中进行一系列的移动和变化。

比如，当纳米材料进入大气中时，它们可以随着风流动到很远的地方，造成大范围的大气污染。而当它们进入土壤时，可能会随着水渗透深入地下，对土壤和水源造成影响。

> 你们好，我是纳米宝宝，我已经完成了我的任务哦！现在我要去旅行啦！

这些纳米材料在生物圈中不停地移动和变化，有些可能被生物吸收，有些可能会改变环境中的气候、水质和土壤。这可能会对我们的生活环境产生影响，所以我们需要更多地了解和研究它们，以确保我们的生态环境能够保持健康。

动手试试吧

活性炭吸附实验

实验材料：活性炭纳米颗粒、食用色素（如红色、蓝色等）、透明玻璃杯两个、筷子、计时器或手表。

实验步骤：

★在两个透明玻璃杯中分别加入等量的清水；

★在其中一个玻璃杯中加入少量食用色素，搅拌均匀，使其成为有色水；

★把适量纳米材料加入有色水的玻璃杯中；

★用筷子轻轻搅拌，使纳米材料均匀地分散在水中；

★观察并记录纳米材料在有色水中的吸附过程，注意水的颜色变化；

★等待一段时间后（如 10 min 等），比较两个玻璃杯中水的水质差异；

★分析实验结果，讨论纳米材料的吸附性能。

> 我的吸附能力怎么样？厉害吧！

话中有"化"

　　事物都是有双重性质的，就像一把双刃剑。这提示我们要理性、科学地看待纳米材料，对纳米材料的探索应用也应遵循一定的原则，在保证对人体与环境无毒、无害的前提下进行应用。

　　虽然这些危害是根据纳米材料的特点提出的潜在影响，但目前并没有确定的证据表明纳米材料弊大于利。纳米材料作为一种新的物质，我们对它的认识才刚刚起步，我们应保持清醒的头脑理性看待，不能盲目地发展，不能只重视它的功能开发和使用，而忽视研究它可能对人体和环境产生一些潜在的危害。

> 现在我们对纳米材料有了很多了解，我们发现，化学是研究纳米材料的基础。同样地，纳米材料的研究也在不断推动着化学各个分支的进步。在未来，纳米材料仍然有着无穷的潜力等你发现哦！